LE
MÉTAL A CANON

PAR

E. FRÉMY

Membre de l'Académie des sciences

PROFESSEUR DE CHIMIE A L'ÉCOLE POLYTECHNIQUE ET AU MUSÉUM
D'HISTOIRE NATURELLE

PARIS

C. MASSON, ÉDITEUR

LIBRAIRE DE L'ACADÉMIE DE MÉDECINE

Place de l'École-de-Médecine, 47

1874

LE

MÉTAL A CANON

Clichy.— Imp. Paul Dupont, rue du Bac-d'Asnières, 12

LE

MÉTAL A CANON

PAR

E. FREMY

Membre de l'Académie des sciences

PROFESSEUR DE CHIMIE A L'ÉCOLE POLYTECHNIQUE ET AU MUSÉUM
D'HISTOIRE NATURELLE

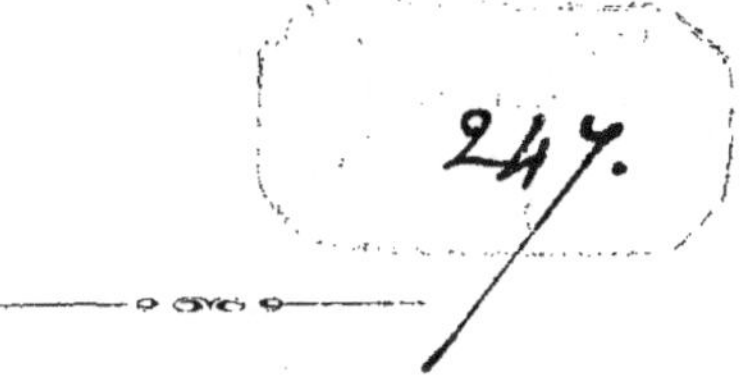

G. MASSON, ÉDITEUR

LIBRAIRE DE L'ACADÉMIE DE MÉDECINE

17, PLACE DE L'ÉCOLE-DE-MÉDECINE

1874

LE

MÉTAL A CANON

J'ai annoncé il y a déjà longtemps, soit dans des communications faites à l'Académie des sciences, soit dans les rapports publiés à la suite des expositions internationales, que l'industrie française était en mesure aujourd'hui de donner à l'artillerie une sorte d'acier doux qui remplacerait le bronze avec avantage, dans la confection des bouches à feu.

Lorsque j'ai appris que le ministre de la guerre faisait étudier, par les officiers d'artillerie, les questions qui se rapportent aux pièces en acier fondu, j'ai pensé que la production régulière et facile d'un bon métal à canon devait avant tout le préoccuper : je me suis donc empressé de lui soumettre tous les résultats de mes travaux sur l'acier, et je lui ai proposé de lui faire connaître le mode de préparation du métal qui convient le mieux, selon moi, à la confection des bouches à feu.

Le ministre de la guerre ayant accueilli avec faveur la proposition que je lui ai adressée, je me suis mis aussitôt à l'œuvre ; pour initier le service de l'artillerie à mes expériences sur l'aciération, je les ai reproduites dans l'usine que M. Dalifol dirige si habilement, en faisant appel au concours bien précieux pour moi d'un de nos officiers les plus distingués, M. le commandant d'artillerie de Lahitolle (1).

J'ai eu l'honneur d'adresser au ministre de

____

(1) Pendant le siége de Paris, M. Dalisol avait mis son usine à notre disposition, pour y exécuter les armes en acier, utiles à la défense.

la guerre, il y a quelques mois, les résultats de
ces recherches sur le métal à canon.

Le ministre a bien voulu accorder son appro-
bation au travail que je lui ai présenté ; il lui a
même donné une importance inattendue, en
l'envoyant aux industriels qui devaient recevoir
prochainement des commandes de canons en
acier.

Mes expériences sur le métal à canon se trouvaient donc soumises ainsi à la compétence de
nos habiles fabricants d'acier.

Je suis heureux de constater ici que la pratique industrielle est venue donner à ce travail
une confirmation complète.

En effet, plusieurs métallurgistes distingués
ont dit spontanément au ministre de la guerre,
et m'ont également déclaré, qu'ils adoptaient
les principes que j'ai énoncés dans mon rapport, et que leur intention était de les appliquer
dans leur fabrication.

Pour venir en aide aux industriels qui vont se livrer à cette nouvelle industrie; il m'a paru utile de faire ressortir les points principaux du rapport que j'ai présenté au ministre de la guerre, de le compléter par quelques détails techniques sur les soins à prendre dans la préparation du métal à canon, et même de faire connaître les principes théoriques qui m'ont guidé dans mes recherches.

Tel est le but de la publication que je fais aujourd'hui.

COMPOSITION DU MÉTAL A CANON.

Le bronze qui est appliqué à la fabrication des bouches à feu présente des inconvénients qui sont aujourd'hui bien connus : il manque d'élasticité et il n'est pas toujours homogène.

Cependant lorsque les deux métaux qui le constituent, le cuivre et l'étain, ont été soumis à une purification convenable, et que ces corps, une fois dosés exactement, se trouvent unis dans de bonnes conditions, on peut dire que les propriétés du bronze varient peu.

En est-il de même pour l'acier?

Tous ceux qui ont étudié les phénomènes de l'aciération connaissent les difficultés que l'on éprouve pour reproduire, dans différentes opérations, des aciers qui offrent exactement les mêmes caractères : la nature et la qualité de l'acier dépendent des irrégularités de l'opéraration : aussi les aciers sont-ils soumis, après leur fabrication, à un classement souvent bien difficile, mais qui est indispensable pour déterminer leur emploi.

C'est évidemment cette incertitude que présente la fabrication de l'acier, qui a empêché jusqu'à présent l'artillerie française d'adopter ce corps dans la confection des bouches à feu.

Lorsque je me suis occupé de la préparation d'un métal à canon, mon premier soin a été de trouver une méthode qui me permît d'obtenir à volonté un alliage ferrugineux, ayant toujours les mêmes caractères et offrant, dans sa production, la régularité du bronze.

J'ai voulu en un mot ramener la préparation du métal destiné aux canons, à celle des alliages ordinaires, dans lesquels les éléments bien épurés sont simplement unis par la fusion.

Parmi les nombreux alliages que le fer peut former, quel est celui qui convient le mieux à la fabrication du métal à canon?

Après avoir soumis à de nombreux essais les différentes espèces de fontes, d'aciers et de fers que l'industrie fournit, il est résulté de mes expériences que le métal qu'il faut employer dans la confection des bouches à feu n'est ni la fonte, ni le fer, ni l'acier dur et trempant; c'est un alliage particulier qui, par sa composition et ses propriétés, vient se placer entre le fer et l'acier : c'est à ce corps que j'ai appliqué la dénomination de *métal à canon*.

Pour le produire, j'ai eu recours d'abord à différents procédés d'aciération qui, en conservant dans le métal certains caractères du fer, lui communiquaient quelques-unes des propriétés de l'acier ; ces expériences, je dois l'avouer, ne m'ont jamais satisfait complétement : dans certains cas, le métal que j'obtenais était excellent; mais dans d'autres, il se trouvait ou trop aciéreux ou trop ferrugineux.

Je rencontrais donc ainsi, dans une fabrication qui doit être absolument régulière, toutes les incertitudes qu'offrent les procédés ordinaires d'aciération : la réussite d'une opération n'assurait pas celle d'une autre qui la suivait, et qui cependant paraissait faite dans les mêmes conditions.

La méthode qui m'a donné les meilleurs résultats consiste à unir synthétiquement, par la fusion, le fer et l'acier, en procédant par conséquent dans cette préparation comme dans celle du bronze.

C'est ainsi qu'après avoir eu recours d'abord à des procédés fort compliqués, je suis arrivé définitivement à une pratique très-simple.

J'ai reconnu en effet, qu'en choisissant convenablement les matières premières et en opérant leur fusion dans de bonnes conditions, on obtient un excellent métal à canon, lorsqu'on combine trois parties de fer avec une partie de bon acier trempant.

Le corps qui provient de cette opération n'est pas du fer; il est plus fusible que lui et ne présente ni son grain ni sa texture.

Il ne peut être assimilé à l'acier dur, car sa force coërcitive est presque nulle; il prend une grande ténacité par une trempe à l'huile.

Cet alliage possède toutes les qualités que l'on doit rechercher dans un métal à canon : en effet, il peut fondre dans un four à acier, et donner des masses métalliques qui présentent plus d'homogénéité que le bronze ; il offre la dureté et surtout l'élasticité qu'exige la confection des nouvelles bouches à feu ; transformé en tubes qui sont soumis ensuite à l'épreuve de la poudre, il se dilate et revient exactement à ses formes premières, condition essentielle pour la justesse du tir : lorsque les tubes se brisent par une charge de poudre exagérée, au lieu de produire des éclats, ils se déchirent en quelque sorte, sans donner lieu par conséquent à des projections redoutables.

Tout en préconisant ici le métal à canon qui est produit par la combinaison de trois parties de fer et de une partie d'acier, je ne veux pas dire que le service de l'artillerie n'aura pas à faire usage aussi d'un alliage plus dur et plus trempant. Je sais en effet que l'on essaye en ce moment des canons excellents, formés par deux tubes concentriques dont le métal doit présenter des duretés et des élasticités différentes.

En se fondant sur la méthode synthétique que je conseille pour la fabrication du métal à canon, il sera toujours facile de satisfaire aux exigences de l'artillerie et d'augmenter d'une manière régulière la dureté de l'alliage : il suffit dans ce cas de faire varier les proportions d'acier que l'on unit au fer.

La composition du métal à canon étant une fois établie, j'avais à déterminer par quels procédés industriels cet alliage peut être produit, et à faire connaître les soins que l'on doit apporter dans la préparation des éléments qui le composent.

J'ai dit que le métal à canon devait avoir pour base le fer et l'acier ; mais les qualités de ces métaux sont éminemment variables ; il faut donc préciser la nature des corps qui doivent entrer dans la composition du métal à canon : si en effet les matières premières sont mal choisies ; lors même qu'elles seront unies dans les proportions voulues, elles produiront un métal détestable.

Le choix des matières ne suffit pas encore pour obtenir un bon métal à canon, il faut en outre opérer leur combinaison dans des conditions qui les préservent de toute altération.

La question est donc plus compliquée qu'elle ne le paraît au premier abord.

J'ai à faire connaître ici non-seulement les espèces de fers et d'aciers qui doivent être employés dans la fabrication du métal à canon, mais aussi les procédés qu'il faut suivre pour les combiner par la fusion : ce sont ces différentes questions que je vais traiter successivement.

Presque tous mes essais métallurgiques sur les fontes, les fers et les aciers ont été exécutés dans les usines de MM. Boigues, Rambourg, qui ont mis à ma disposition, avec la plus grande libéralité, les éléments utiles à mes recherches.

Les ingénieurs attachés à cette compagnie et particulièrement M. Forey, m'ont toujours apporté le concours le plus intelligent et le plus dévoué. Je suis heureux de pouvoir leur exprimer ici mes sentiments de vive gratitude.

FER DESTINÉ A LA FABRICATION

DU MÉTAL A CANON.

Il importe d'abord d'établir la constitution
réelle des fers du commerce; on sait que ces corps
ne doivent pas être considérés comme des métaux purs, mais bien comme de véritables alliages.

On trouve dans l'industrie certains métaux,
tels que l'or, l'argent, le plomb, le cuivre, l'é-
tain, etc., qui sont quelquefois sensiblement
purs. Il n'en est pas de même pour le fer; le
métal, dans les fers du commerce, n'est jamais
à l'état de pureté : il se trouve toujours combiné à des matières étrangères qui peuvent être
le carbone, le silicium, le soufre, le phosphore,

l'azote, l'arsenic, les métaux alcalins et alcalino-
terreux, le manganèse, le cuivre, le zinc, le
titane, etc.

Quelques-uns de ces éléments se trouvent
unis au fer dans des proportions impondérables,
mais qui, cependant, sont suffisantes pour altérer plus ou moins les propriétés du métal et
exercer une grande influence sur sa valeur industrielle.

En un mot, les fers du commerce doivent
être considérés comme les premières modifications que les corps simples peuvent faire
éprouver au métal en s'alliant à lui.

Les corps combinés au métal dans les fers du
commerce, exercent en général une mauvaise
influence sur les propriétés du métal à canon :
*le fer destiné à cette fabrication doit donc
être aussi pur que possible.*

Quelles sont les méthodes à suivre pour obtenir industriellement du fer bien épuré? Ce
problème est un des plus difficiles que la métallurgie ait à résoudre : on sait en effet que

lorsque le fer est une fois produit, sa purification est impossible : je ne connais pas d'agents épurateurs qui enlèvent au fer les corps étrangers qu'il contient. C'est donc dans le choix des minerais, dans la préparation de la fonte et dans son mode d'affinage qu'il faut chercher la solution de cette importante question.

Mes études sur le métal à canon me conduisaient donc forcément à examiner les différents points qui se rapportent à la métallurgie du fer, c'est-à-dire à la production des fontes et à leur affinage.

Connaissant toutes les difficultés qu'on éprouve à éliminer des fontes les corps étrangers qu'elles contiennent, j'ai toujours pensé qu'il serait important de reprendre les tentatives qui ont été faites à différentes reprises pour retirer directement le fer de ses minerais, sans passer par l'état de fonte.

Je consignais déjà cette opinion dans le rapport que j'ai fait au jury international à la suite de l'Exposition de 1867, en m'exprimant de la manière suivante :

« J'appellerai toute l'attention des métal-
» lurgistes sur la production directe de l'a-
» cier fondu au moyen des minerais, *sans
» passer par la fonte*. Si cette opération se
» réalise un jour, elle donnera évidemment
» d'excellents aciers, car le meilleur affinage
» laisse toujours dans le fer ou l'acier quel-
» ques-uns des éléments nuisibles que conte-
» nait la fonte.

» Nous espérons que la prochaine exposition
» consacrera un nouveau mode de fabrication
» d'acier fondu, basé sur les principes suivants :
» le minerai riche ne contenant ni soufre, ni
» phosphore, sera réduit par l'oxyde de carbone
» ou par le charbon de bois ; il donnera un métal
» très-pur que l'on introduira dans un four à gaz
» contenant un agent d'aciération : on obtien-
» dra ainsi un acier fondu beaucoup mieux
» épuré que celui qui dérive de la fonte. »

Ces considérations, que je présentais en 1867
sur la préparation de l'acier fondu, s'appliquent
également à la production du fer destiné au métal à canon.

Il existe dans l'industrie un fer qui est retiré

directement de ces minerais, c'est celui que fournissent les forges catalanes.

J'ai soumis ce métal à de nombreux essais, et je déclare que je n'en ai jamais rencontré de meilleur : en l'unissant à de l'acier cémenté, il m'a donné un métal à canon d'une qualité exceptionnelle.

Il serait donc bien à regretter que la méthode catalane, qui, sous le rapport de l'économie, ne peut pas lutter avec les procédés métallurgiques modernes, mais qui donne un fer si estimé, vînt à disparaître de l'industrie : elle peut un jour rendre de grands services à l'artillerie.

Après avoir fait ressortir les avantages que présente, dans la fabrication du métal à canon, un fer retiré directement de son minerai, sans passer par l'état intermédiaire de la fonte, j'arrive aux fers du commerce qui résultent de l'affinage des fontes.

Je parlerai d'abord des fers produits par l'affinage des fontes au coke.

Il faut reconnaître que des perfectionnements considérables ont été introduits dans cette fabrication, et qu'un métallurgiste habile, opérant avec de bonnes fontes au coke et les affinant à la houille, peut obtenir aujourd'hui un métal qui remplace le fer au bois dans presque toutes ses applications.

Mais cette substitution peut-elle s'étendre à la fabrication du métal à canon? Cette question m'a conduit nécessairement à étudier les différents procédés d'affinage, et à examiner les méthodes que l'on peut employer pour augmenter leur efficacité.

Je ne crois donc pas sortir de mon sujet en présentant ici un résumé de mes observations sur les fontes au coke et sur leur affinage.

Les fontes au coke préparées dans de bonnes conditions contiennent toujours des quantités notables de soufre et de silicium. Je ne parle pas ici du phosphore et de l'arsenic que l'on peut éliminer par un choix convenable du minerai, tandis que la présence des deux premiers corps est fatale : elle est due aux appareils, aux combustibles et aux fondants qui sont employés dans la métallurgie du fer.

Le soufre et le silicium enlèvent au fer ses qualités précieuses ; c'est donc sur l'élimination de ces deux corps que mes efforts se sont principalement portés.

J'ai voulu rechercher d'abord si le mazéage qui, dans certaines usines, précède l'affinage proprement dit, exerce une influence véritable sur la purification du fer et sur l'élimination du soufre ou du silicium.

Mazéage. — Lorsque j'ai entrepris ces expériences qui remontent déjà à plusieurs années, un grand nombre de métallurgistes pensaient encore qu'il était impossible de produire un bon fer au moyen d'une fonte au coke, si on ne la soumettait pas préalablement à l'opération du mazéage, c'est-à-dire à un courant d'air agissant sur la fonte en fusion ; ils admettaient en outre que le mazéage n'était pas une opération aussi coûteuse qu'on le pensait, parce que la fonte, une fois

2

mazée, éprouvait à l'affinage un déchet moins considérable que celle qui n'avait pas été soumise à cette purification préalable.

Mon premier soin a donc été d'étudier l'influence du mazéage, non-seulement sur la qualité, mais aussi sur la quantité de fer que produit l'affinage.

Pour résoudre ces deux questions, j'ai choisi d'abord de bonnes fontes d'affinage n° 1 et n° 2 que j'ai divisées en deux parties.

L'une a été transformée en fine metal, puis affinée ; l'autre a été affinée directement sans passer par le mazéage : ces expériences ont été suivies pendant un mois et, par conséquent, répétées un grand nombre de fois ; elles m'ont donné des résultats très-concluants que je vais faire connaître.

J'ai d'abord constaté que, à poids égaux, le fine metal ne donne pas sensiblement plus de fer que la fonte qui lui correspond ; je citerai ici les résultats de quatre essais qui établissent ce fait de la manière la plus nette.

1° Fonte d'affinage n°1.........   200 kilogr.

   Fer obtenu...............   167   —

2° Fine metal de la fonte n° 1...   200   —

   Fer obtenu...............   162   —

3° Fonte d'affinage n° 2........   200   —

   Fer obtenu...............   169   —

4° Fine metal de la fonte n° 2...   200   —

   Fer obtenu...............   156   —

Ce premier point étant bien constaté, j'avais à examiner si le mazéage n'exerce pas d'influence sur la qualité du métal.

Dans ce but, j'ai fait affiner comparativement par d'excellents puddleurs, dont je suivais avec soin le travail, des fontes mazées et non mazées : le fer résultant de ces opérations a été soumis aux épreuves ordinaires de la forge.

Je dois dire que toutes mes expériences d'affinage ont été faites sous l'influence d'un excès d'oxyde de fer que je faisais ajouter devant moi aux différentes phases de l'opération.

Voici les résultats de ces essais :

Fonte grise...... 200 kilogr.

Fer obtenu...... 160 —

Le fer essayé à froid est excellent, très-nerveux ; essayé à chaud, le forgeron déclare que ce fer a la qualité du fer au bois : dans cet essai, j'ai exagéré la proportion d'oxyde de fer employé pendant l'affinage.

Fine metal de la fonte grise précédente.... .... 200 kilogr.

Fer obtenu .... 170 —

Le fer essayé à froid est très-nerveux ; essayé à chaud, il est un peu rouverin : il soude difficilement.

Fonte truitée............. 200 kilogr.

Fer obtenu .... 167 —

Le fer essayé à froid est très-résistant ; essayé à chaud, il est excellent et non rouverin.

Fine métal de la fonte truitée précédente........ ...:... 200 kilogr.

Fer obtenu............... 162 —

Le fer essayé à froid est excellent; essayé à chaud, il est un peu rouverin.

Ces essais démontrent que lorsque des fontes grises ou truitées *sont affinées convenablement*, non-seulement elles ne donnent pas moins de fer que le fine métal qui leur correspond, mais qu'elles produisent souvent un fer qui a plus de qualité que celui qui résulte du fine métal.

En me fondant sur les expériences que je viens de résumer, je suis autorisé à dire que le mazéage est une opération qu'il faut abandonner dans l'affinage des bonnes fontes au coke, parce qu'elle détermine un déchet inutile de 10 à 15 p. 0/0, parce qu'elle est dispendieuse et qu'elle n'augmente pas la qualité du fer.

Le mazéage n'est donc d'aucune utilité dans la préparation des fers destinés au métal à canon.

FONTES SULFUREUSES. — Le soufre est certainement l'ennemi le plus redoutable que l'on ait à combattre dans la métallurgie du fer; il altère

les propriétés utiles du métal et le rend im-
propre à l'aciération.

J'avais donc à étudier les méthodes industrielles que l'on peut employer pour éliminer le
soufre des fontes et des fers.

Mes premiers essais ont eu pour but d'ap-
précier l'influence que le combustible peut
exercer sur la production des fontes sulfureuses.

Opérant avec un minerai non sulfureux, je
l'ai fait réduire dans trois hauts fourneaux
chauffés par trois combustibles différents : le
charbon de bois, le mélange de charbon de bois
et de coke et le coke pur.

J'ai produit ainsi des fontes qui ont été soumises ensuite à l'analyse, et dans lesquelles le
soufre a été déterminé avec le plus grand soin.

Il est résulté de mes déterminations analyti-
ques que la fonte au charbon de bois, comme
cela devait être, ne contenait pas de soufre ;
celle qui avait été produite avec un mélange de
charbon de bois et de coke contenait un mil-
lième environ de soufre ; tandis que celle qui

avait été préparée avec du coke donnait à l'analyse plusieurs millièmes de soufre.

En disposant convenablement le lit de fusion
et en élevant la température de l'air, on peut,
comme je le dirai plus loin, diminuer beaucoup
la proportion de soufre que le coke apporte
dans la fonte : *néanmoins tout fer préparé
au coke retient du soufre, et dans la fabrication du métal à canon doit être placée au-dessous du fer au bois.*

Après avoir constaté l'influence du combus-
tilble dans la production des fontes sulfureuses,
j'ai cherché à éliminer le soufre des fontes, soit
en désulfurant le coke, soit en augmentant le
pouvoir épurateur des laitiers.

Pour désulfurer le coke, j'ai eu recours principalement à l'action de la vapeur d'eau, que je
faisais arriver dans les fours à coke à la fin
de l'opération, et qui dégageait une grande
partie du soufre à l'état d'acide sulfhydrique.

Mais l'insuffisance de la désulfuration, l'im-
possibilité de faire pénétrer la vapeur d'eau dans
l'intérieur du coke et la déperdition du combus-

tible brûlé par la vapeur d'eau, m'ont fait abandonner presque immédiatement cette série d'expériences.

J'ai essayé alors de paralyser l'action du soufre contenu dans le coke, en arrosant le combustible avec une certaine quantité de carbonate de soude : je pensais que le soufre retenu par le sel alcalin ne se combinerait plus au fer; j'ai fait marcher ainsi pendant plusieurs jours un haut fourneau avec du coke rendu préalablement alcalin par du carbonate de soude.

Mais l'analyse de la fonte obtenue dans les conditions que je viens d'indiquer m'a démontré que le carbonate de soude n'avait pas exercé d'action désulfurante, car la fonte contenait encore 3 millièmes de soufre : l'alcali était donc entré dans le laitier avant d'agir sur le soufre du coke.

Ces premiers essais infructueux ont été remplacés bientôt par une série d'expériences sur les laitiers épurateurs, qui m'ont donné alors des résultats très-satisfaisants.

Opérant d'abord dans mon laboratoire, j'ai reconnu que des fontes sulfureuses se purifiaient facilement lorsque je les soumettais au rouge blanc, à l'influence de silicates calcaires très-basiques rendus fluides par de l'argile ou mieux par du silicate de manganèse.

J'ai constaté ainsi que le soufre peut être éliminé des fontes sous les trois influences suivantes : 1° la basicité des laitiers, 2° la fluidité du laitier qui le met en contact intime avec la fonte, 3° l'action du laitier s'exerçant sur la fonte à une température aussi élevée que possible.

Ces expériences de laboratoire m'ont guidé dans mes essais de désulfuration faits dans le haut fourneau ; je les résumerai ici en quelques mots.

En employant de l'air excessivement chaud, un grand excès de castine, une quantité d'argile suffisante pour rendre fusible le silicate calcaire basique et en faisant usage de minerais manganésifères, je suis arrivé à faire passer dans les laitiers presque tout le soufre apporté par le coke.

J'ai obtenu ainsi des fontes qui peuvent produire des fers excellents et qui, pour certaines applications, rivalisent souvent avec les fers au bois : ce résultat industriel est certainement d'une grande importance, mais suffit-il pour la fabrication du métal à canon? Je ne le pense pas. C'est ce que j'essayerai d'établir plus loin.

FONTES SILICEUSES. — Le silicium, sans être aussi redoutable que le soufre dans les applications industrielles des fontes, des fers et des aciers, présente cependant des inconvénients qui sont bien connus de tous les métallurgistes.

Il m'importait de rechercher par quels procédés on peut éliminer le silicium que les fontes contiennent; il était même intéressant d'examiner comment le silicium entre dans les fontes; on sait en effet que toutes les fontes sont siliceuses, et que dans certaines fontes, le silicium devient un élément constitutif: les fontes à Bessemer, par exemple, doivent contenir environ 1 centième 1/2 de silicium : c'est cet élément qui, dans l'opération Bessemer, devient le véritable combustible; c'est lui qui en brûlant, par l'action du courant d'air, produit cette température énorme qui maintient le fer en fusion et permet le coupage final, c'est-à-dire l'aciération du fer par le spiegel-eissen.

Pour étudier le mode de réduction des corps siliceux dans le travail du haut fourneau, j'ai pensé que le mieux était d'entreprendre une série de recherches sur le composé qui résulte de l'affinage, que l'on désigne dans les forges sous le nom de *crasse* ou de *scories*, qui est un silicate de fer tribasique et qui, à l'époque où mes essais s'exécutaient, n'avait encore reçu en France aucun emploi métallurgique.

On a admis pendant longtemps que la réduction de la silice et l'introduction du silicium dans les fontes dépendaient surtout de l'état sous lequel la substance siliceuse se trouvait dans le minerai; on pensait que la silice qui existe sous forme de quartz ne se réduisait que difficilement, tandis que la silice hydratée et celle qui était engagée dans les silicates éprouvaient, sous l'influence du charbon, une réduction facile.

Sous l'empire de cette théorie préconçue, on était arrivé à exclure complétement la scorie de la métallurgie du fer et à l'abandonner comme matière inutile.

Au début de ces recherches, des praticiens très-exercés m'affirmaient que la scorie ne pouvait recevoir aucun usage, parce qu'en l'introduisant dans le haut fourneau elle était bien réduite, mais tout son silicium se combinait au fer et elle produisait une fonte très-siliceuse qui, dans l'affinage, reconstituait la quantité primitive de scorie employée dans le haut fourneau, sans enrichir le fer.

Mes expériences sont venues démontrer l'inexactitude de toutes ces hypothèses.

Dans des essais entrepris d'abord en petit dans mon laboratoire, j'ai reconnu qu'en faisant agir sur de la scorie, du charbon et de la chaux employés en grand excès, on pouvait en retirer des fontes réellement industrielles.

Les essais de laboratoire m'ont conduit ensuite aux expériences métallurgiques.

Je me suis transporté dans une usine où un cubilot a été mis à ma disposition : je ne voulais pas faire immédiatement mes expériences dans un haut fourneau, craignant d'opérer un dérangement toujours redoutable dans la marche de l'appareil.

C'est donc dans un cubilot que j'ai exécuté d'abord, d'une manière industrielle, la réduction des scories.

Après quelques tâtonnements nécessaires, l'essai a été entièrement satisfaisant : j'ai obtenu ainsi plusieurs tonnes de fonte de scorie.

Cette fonte soumise à l'analyse contenait 1,25 de silicium ; affinée par les méthodes ordinaires, elle a donné du fer de qualité passable et dans la proportion des fontes d'affinage.

Les questions que je voulais étudier se trouvaient ainsi résolues : il était établi que la scorie pouvait être employée en métallurgie, que dans l'affinage elle ne se transformait pas, comme on l'avait dit, en siliciure de fer, et que par conséquent l'introduction du silicium dans les fontes ne dépendait pas de l'état sous lequel se trouve le composé siliceux dans le minerai.

Il fallait chercher ailleurs la cause de production des fontes siliceuses.

C'est alors qu'étudiant l'influence de la chaleur dans le travail du haut fourneau, j'ai
reconnu, en faisant varier la température de l'air,
que la réduction de la silice et des silicates est
d'autant plus grande que la température du haut
fourneau est plus élevée.

L'introduction du silicium dans les fontes ne
dépend donc pas de l'état du composé siliceux,
mais principalement de la température à laquelle
ce corps est soumis, sous la double influence du
charbon et du fer.

Le métallurgiste qui doit réduire par le coke
sulfureux un minerai siliceux se trouve placé
entre deux écueils qu'il évitera s'il tient compte
des faits que je viens de résumer.

Pour obtenir de bonnes fontes au coke, le
point capital est de produire d'abord un laitier
épurateur, c'est-à-dire très-basique, et de lui
donner de la fluidité en employant tantôt de
l'argile, tantôt des minerais manganésifères.

Ces premières questions relatives à la présence du soufre et du silicium dans les fontes étant une fois élucidées, je me suis occupé de l'affinage, c'est-à-dire de la production du fer au moyen des fontes.

AFFINAGE DES FONTES.

Je résumerai dans les propositions suivantes mes principales observations sur cette partie importante de la métallurgie du fer :

1° J'ai dit précédemment que le fer le plus pur et qui convient le mieux à la fabrication du métal à canon est celui qui ne dérive pas de la fonte, et que l'on obtient directement en réduisant un bon minerai de fer par du charbon de bois ou par un gaz carburé, comme cela s'exécute dans les forges catalanes.

Mais il résulte aussi de mes recherches qu'il existe un fer qui, par l'ensemble de ses qualités, peut être placé en quelque sorte à côté du précédent, c'est celui qui provient de l'affinage au charbon de bois d'une fonte produite à air froid par un bon minerai de fer manganésifère, ne contenant ni soufre ni phosphore.

2° Si les métaux produits avec le charbon de bois venaient à manquer, on pourrait peut-être les remplacer dans la fabrication du métal à canon par des fers provenant de l'affinage des fontes au coke ; mais alors la fabrication devient difficile, et pour obtenir de bons résultats il est important de tenir compte des indications que je vais donner.

3° Le choix des fontes d'affinage doit être déterminé non-seulement par des expériences pratiques, mais aussi par les analyses chimiques les plus exactes : il faut rejeter sans hésitation toute fonte phosphoreuse ou arsenicale, ou bien celles qui contiendraient des proportions trop considérables de soufre et de silicium : dans tous les cas, on doit donner la préférence aux fontes manganésées.

4° Les fontes au coke, qui sont toujours plus ou moins siliceuses et sulfureuses, ne gagnent pas à être affinées au charbon de bois : j'ai souvent soumis une même fonte aux deux sortes d'affinage, par la houille et par le charbon de bois, et je n'ai pas constaté de différence bien sensible dans la composition et les propriétés du fer obtenu.

5° J'ai démontré que le mazéage n'améliorait pas la qualité du fer que l'on peut retirer d'une fonte au coke, mais cependant il ne faut pas oublier que le mazéage est une opération qui enlève au fer une grande partie de ses éléments étrangers : lors donc que les fontes ne sont pas soumises au mazéage et qu'on les puddle directement, il est nécessaire de conduire, avec la plus grande lenteur, la première partie de l'opération du puddlage, que l'on désigne dans certaines usines sous le nom de *recuit* ou de *recuisage*.

En prenant des échantillons de fonte aux différentes phases de l'affinage et en les soumettant à l'analyse, j'ai reconnu que pendant le *recuit* il se fait un véritable *mazéage :* à ce moment le métal est transformé, dans le four à puddler, en *fine métal* qui ne retient souvent que quelques millièmes de silicium et de carbone.

C'est donc pendant le recuit de la fonte que le fer se débarrasse en partie des éléments étrangers avec lesquels il se trouve allié : si cette opération est trop précipitée, les métalloïdes restent unis au fer : la production d'un bon fer exige un recuit très-lent.

6º Il est une condition essentielle à remplir pour obtenir dans le four à puddler un fer de bonne qualité : je veux parler ici de l'influence des scories sur le fer d'affinage.

Dans mes nombreux essais sur l'affinage, j'avais souvent constaté qu'en opérant dans des conditions qui me paraissaient identiques, c'est-à-dire avec les mêmes fontes, les mêmes proportions d'oxyde de fer, dans les mêmes fours conduits par les mêmes ouvriers, j'obtenais des fers de qualités variables.

J'eus alors l'idée d'examiner l'action que les scories, laissées dans le four et provenant des opérations précédentes, pouvaient exercer sur la qualité du fer. Je fis puddler la même fonte grise dans deux conditions différentes : d'abord avec une scorie nouvelle, et ensuite avec une scorie ancienne ; je reconnus immédiatement que le fer résultant de ces deux opérations n'était pas de la même qualité.

Le fer produit en présence de scories nouvelles, était excellent tandis que celui qui avait été affiné avec d'anciennes scories se trouvait détestable et rouverin.

Il résulte de cet essai, que pour obtenir par le puddlage des fers de bonne qualité, il ne faut pas laisser dans le four, pendant un temps trop long, les scories des opérations précédentes, qui se chargent de plus en plus de phosphore et de soufre, et qui finissent par céder au fer ces éléments nuisibles.

7° Je crois inutile d'insister ici sur les conditions, bien connues aujourd'hui de tous les métallurgistes, que doit remplir la sole du four à puddler pour produire un bon affinage. Je me contenterai de dire que les meilleurs résultats, dans mes essais d'affinage, sont ceux que j'ai obtenus au moyen des fours qui produisaient la température la plus élevée et dont la sole était constituée en partie par de l'oxyde de fer.

8° L'oxyde de fer est, comme on le sait depuis les observations de M. Chevreul, l'agent épurateur des fontes, dans l'affinage. En m'appuyant sur ce principe, mais en régularisant l'emploi de l'oxyde de fer et en augmentant sa proportion, je suis arrivé à améliorer d'une manière considérable la qualité des fers au coke.

J'ai examiné successivement l'influence de

l'oxyde des battitures, du peroxyde de fer pur, de la scorie grillée, du minerai d'Espagne, du minerai du Berry, dans l'opération du puddlage.

Au point de vue de l'épuration du fer, j'ai trouvé peu de différences entre l'oxyde des battitures et le minerai d'Espagne ; les minerais hydratés et les scories grillées affinent les fontes avec plus de lenteur que les corps précédents.

9° Parmi les agents d'épuration du fer, il n'en est pas de plus actif que l'oxyde de manganèse : il fait passer dans les scories les impuretés de la fonte ; le manganèse métallique employé lui-même en petite quantité *s'allie* au fer aciéreux, et lui donne des qualités précieuses ; il le rend ductile et tenace. En outre, dans l'aciération, il fait disparaître en partie les *soufflures* que présentent ordinairement les aciers doux fondus.

Dans mes expériences sur l'affinage, j'ai fait un usage fréquent de l'oxyde de manganèse, du spiegel-eissen du ferro-manganèse, et même du manganèse métallique.

Le rôle important que ce corps joue dans la

métallurgie du fer et dans l'aciération m'a fait étudier les méthodes qui permettent de préparer économiquement le manganèse ou bien son alliage avec le fer. J'ai reconnu que le mieux était d'agir sur le chlorure de manganèse que les usines de produits chimiques perdent encore en si grande quantité : après avoir séparé des liqueurs, au moyen du carbonate de chaux, l'oxyde de fer, le phosphate et l'arséniate de fer qui s'y trouvent, on précipite le protoxyde de manganèse par la chaux, et on réduit cet oxyde par le charbon, en présence du fer pur et en ayant le soin d'éliminer les corps siliceux.

Je n'insiste pas sur cette opération dont les principes sont connus depuis longtemps; je me contente de dire seulement que la chimie est en mesure de fournir aujourd'hui à la métallurgie tout le manganèse qui lui est utile et dont je ne saurais trop recommander l'emploi.

10° Pour compléter les documents que j'avais à faire connaître sur l'affinage des fontes, il me reste à parler de l'altération que ces corps éprouvent lorsqu'on les fait fondre dans un four à réverbère, et qu'on laisse l'air atmosphérique agir lentement à leur surface.

On sait que les fontes contiennent les éléments de l'acier, mais en proportions exagérées.

En enlevant à une fonte, au moyen de l'oxygène, d'abord les corps nuisibles à l'aciération,
et ensuite l'excès d'élément aciérant qu'elle
présente, on doit la transformer en acier.

La pratique confirme entièrement ce principe,
sur lequel sont fondées les aciérations par le
puddlage, par le procédé Bessemer et par la méthode Martin-Siemens.

Mais, entre la fonte et l'acier, se trouvent un
grand nombre d'alliages intermédiaires, parmi
lesquels je citerai la *fonte trempante* et le *fine
métal*.

Ces considérations font comprendre avec
quelle facilité j'ai pu obtenir des fontes trempantes que les métallurgistes les plus habiles
ne produisaient pas toujours à volonté, et qui peuvent recevoir dans l'industrie d'importantes applications. On sait en effet qu'il est souvent
utile de couler des *fontes en coquilles* pour
produire des objets en fonte qui présentent à leur
surface la dureté de l'acier trempé, et qui con-

servent dans leur intérieur la ténacité des fontes grises.

Pour obtenir une fonte trempante, je choisis d'abord une bonne fonte grise contenant le moins possible de corps nuisibles au fer, tels que le soufre et le phosphore ; j'opère sur 4,000 kilogr. environ de fonte que je fais fondre dans un four à réverbère, et que j'expose pendant plusieurs heures à un véritable grillage.

Je prends de temps à autre, au moyen d'une poche en fer, des échantillons de fonte que je coule en petits lingots et que je trempe immédiatement.

Après une heure de grillage, les lingots de fonte commencent déjà à se tremper légèrement à leur surface ; au bout de deux heures, la trempabilité de la fonte a augmenté d'une manière très-notable ; après cinq heures de grillage, la fonte donne des lingots qui se trempent tous à *cœur*, en prenant une dureté comparable à celle du meilleur acier.

Tel est le résumé des expériences que j'ai entreprises sur les fontes et les fers.

Il résulte de ces essais que le fer qui convient le mieux à la préparation du métal à canon, et qu'il faut placer en première ligne, est celui que l'on retire directement de son minerai dans les forges catalanes, ou bien celui qui provient d'une fonte au bois préparée à air froid et affinée au charbon de bois.

Quant aux fers au coke produits par de bonnes fontes et affinés dans les conditions que j'ai fait connaître, je suis loin de les repousser d'une manière absolue, mais ils présentent rarement la qualité d'un fer au bois, et le service de l'artillerie ne devra les accepter qu'à la suite d'épreuves très-rigoureuses.

CONSIDÉRATIONS THÉORIQUES

SUR LA CONSTITUTION DE L'ACIER

———

Je viens de faire connaître toutes les précautions à prendre dans le choix du fer destiné à la fabrication du métal à canon.

Elles doivent être appliquées d'une manière beaucoup plus exacte encore à l'acier.

En effet, l'acier n'est pas un corps à proportions définies et que l'on peut reproduire à volonté avec des propriétés constantes ; il existe un grand nombre d'aciers différents dont les caractères et la composition varient avec les minerais, les combustibles et les méthodes d'aciération qui les ont produits.

L'existence d'une famille nombreuse d'aciers formés par la combinaison du fer avec des corps simples différents, est un fait incontestable pour moi et qui résulte des recherches que j'ai publiées sur l'aciération dans ces dernières années.

Mais ce principe est nouveau dans la science, et se trouve en contradiction avec les idées qui ont été émises jusqu'à présent sur la constitution de l'acier.

Afin de faciliter l'intelligence des développements qui vont suivre, il me paraît nécessaire de présenter le résumé des idées nouvelles que j'ai proposées pour expliquer les phénomènes de l'aciération, et qui m'ont constamment guidé dans mes essais sur le métal à canon.

Lorsque j'ai entrepris mes premières recherches sur l'acier, on admettait en métallurgie les principes suivants :

1° Les fers qui conviennent à la fabrication

de l'acier sont doués d'une qualité particulière qu'on désigne sous le nom de *propension aciéreuse;* ils sont produits par des *minerais spéciaux* qui constituent en quelque sorte des *minerais à acier.*

2° L'acier est un carbure de fer qui contient environ un centième de carbone.

3° La fonte est également un carbure métallique qui résulte de la combinaison de trois centièmes environ de carbone avec le fer.

4° Les différentes qualités des aciers et des fers du commerce dépendent des proportions variables de carbone que ces composés contiennent.

5° Dans l'acier et dans la fonte, tous les corps qui se trouvent en dehors du fer et du carbone doivent être considérés comme étrangers à leur constitution.

Mes recherches métallurgiques m'ont conduit à des principes qui sont en opposition complète avec ceux que je viens de rappeler : je les résumerai dans les propositions suivantes :

1° Il n'existe pas, selon moi, de *minerais d'acier* différents des *minerais de fer* tout bon minerai de fer, convenablement traité, donnera des aciers excellents, s'il ne contient pas de principes nuisibles à l'aciération.

2° *La propension aciéreuse du fer* n'est pas due à quelque propriété mystérieuse que le minerai aurait communiquée au métal, mais *uniquement à la pureté du fer;* le métal non aciéreux est celui qui a été mal épuré : il est combiné à des éléments étrangers qui empêchent le fer de prendre ou de retenir l'aciération. En un mot la propension aciéreuse est le résultat d'un *bon travail métallurgique* et non d'une *propriété native* du minerai; en perfectionnant les méthodes d'épuration, on arrive, comme je l'ai reconnu dans mes recherches, à faire entrer dans la fabrication de l'acier des fontes et des fers français qui étaient considérés autrefois comme impropres à l'aciération.

3° Le carbone est incontestablement l'élément essentiel des bons aciers et des bonnes fontes, mais il n'est pas le seul corps aciérant qui, dans ces composés, soit *réellement constitutif.* Les corps divers qui se trouvent dans les fers, les aciers et les fontes du commerce, peuvent être, eux aussi, constitutifs et ajouter leur action à celle du carbone, comme le silicium dans les fontes à Bessemer et le manganèse dans le spiegel-eissen ; l'influence de ces corps est tantôt bonne, tantôt mauvaise ; mais c'est elle qui rend compte de toutes les variétés de composés ferrugineux produits par la métallurgie ; les propriétés différentes des fers, des aciers et des fontes ne dépendent donc pas uniquement, comme on le pense encore aujourd'hui, des proportions variables de carbone que ces alliages contiennent, mais aussi des autres éléments qui, en dehors du carbone, sont unis au fer.

4° Les corps qui s'allient au fer sont nombreux ; ils peuvent tous faire éprouver au métal une série de modifications qui rappellent jusqu'à un certain point celles qui sont produites par le carbone et qui leur correspondent.

En se plaçant donc au point de vue exclusivement théorique, on peut dire que les aciers et les fontes carburés ne sont que des cas particuliers des combinaisons aciéreuses et fonteuses produites par tous les corps qui, comme le carbone, peuvent *s'allier* au fer.

Il est bien entendu que cette considération est purement théorique, et que, sous le rapport des applications, je n'entends nullement mettre en comparaison un acier carburé avec un acier qui est à base de silicium ou de phosphore : seulement il était important de constater l'existence de ces différents aciers.

5° Je viens de parler des corps qui, en *s'alliant* au fer, produisent des fontes ou des aciers : les idées que je présente ici sur la constitution de ces composés seraient incomplètes, si je ne m'expliquais pas nettement sur le sens qu'il faut attacher, à l'expression d'*alliage métallique.*

Lorsqu'un corps se combine à un métal pour former un alliage, il se produit un phénomène caractéristique de *diffusion métallique* que l'on ne constate pas dans les combinaisons ordinaires.

Ainsi, dans une combinaison, lorsqu'on fait agir à chaud sur du fer en excès des corps tels que l'oxygène, le chlore, le brome, l'iode, etc., on obtient immédiatement des composés ferrugineux qui se séparent du métal : *mais dans ce cas l'action chimique se limite à la partie du métal qui est entrée en combi-*

naison; si l'on examine le fer resté en excès, comme je l'ai fait bien souvent, on reconnaît que les propriétés primitives du métal ne sont pas altérées et que le fer ne retient pas de traces sensibles des corps qui ont agi sur lui.

Mais les phénomènes changent lorsqu'on soumet le fer à l'action des corps qui peuvent *s'allier* à lui, tels que le carbone, le silicium, le phosphore, l'azote et un grand nombre de métaux.

Dans ce cas, l'action chimique ne se limite pas à la partie du métal qui se trouve en contact avec l'agent modificateur; on constate immédiatement une sorte de diffusion métallique, tout à fait comparable à celle qui se produit lorsqu'un corps se dissout dans un liquide; les plus faibles quantités du corps réagissant, impressionnent toute la masse du métal: c'est là le caractère essentiel et éminemment remarquable des alliages: ces corps représentent les dissolutions d'une combinaison métallique définie, dans un excès de métal.

Eh bien, les fers du commerce, les aciers et les fontes doivent être considérés comme des alliages de fer qui sont produits par des quantités variables et souvent impondérables de corps différents ; il suffit de quelques cent-millièmes de plomb pour modifier profondément les caractères de l'or : il en est de même pour le fer et pour l'acier ; des proportions, inappréciables souvent, de soufre, de phosphore ou d'arsenic altèrent entièrement leurs propriétés utiles.

Dans l'étude des alliages et par conséquent dans celle des fers, des aciers et des fontes, il faut donc tenir compte de l'influence de certains corps qui se trouvent dans des proportions que l'on néglige ordinairement.

6° J'ai dit que la production des alliages présente une analogie incontestable avec le phénomène de la dissolution : j'ajoute que dans ces sortes de composés, l'union des corps métalliques se fait d'*une manière continue jusqu'à la saturation*, sans qu'il soit possible de saisir les points de transition et d'établir, entre les composés qui se forment, des lignes de démarcation bien tranchées.

Cette continuité de combinaison se produit nécessairement dans les alliages qui sont à base de fer : la pratique industrielle désigne sous les noms de fer du commerce, d'aciers et de fontes les alliages produits par le fer; mais il est impossible de donner leur définition exacte et surtout de dire où chacun de ces corps commence précisément et où il finit.

Il est facile d'appliquer les considérations qui précèdent à la constitution des fers du commerce, des aciers et des fontes.

7° On sait que *les fers du commerce* sont loin de représenter le fer pur, tel qu'on l'obtient par les méthodes chimiques, en réduisant au moyen de l'hydrogène le chlorure ou l'oxyde de fer ; les propriétés du métal sont modifiées par quelques millièmes de corps étrangers ; *on doit donc considérer les fers du commerce* ainsi que je l'ai déjà dit, *comme les premières modifications que le métal éprouve en s'alliant à d'autres corps.* Ces agents modificateurs du fer exercent sur lui une influence qui dépend de leur nature et de leurs proportions : les uns durcissent le métal et lui donnent de la résistance à l'écrasement, les autres au contraire lui enlèvent sa ténacité et lui font perdre une partie de ses qualités.

La classification des fers se fait encore aujourd'hui d'une façon bien insuffisante; elle est fondée sur la constatation incomplète de quelques caractères physiques.

On en viendra certainement un jour à établir parmi les fers du commerce, comme cela a lieu pour d'autres produits, *une classification chimique* fondée sur la détermination des quantités infiniment petites de corps qui s'y trouvent, tels que le carbone, le soufre, le phosphore, le silicium, l'arsenic, l'azote, les métaux.

De pareilles déterminations ne sont pas au-dessus des forces de la chimie analytique : je crois savoir que la classification des fers, fondée sur leur analyse, est déjà établie au Creusot et qu'elle y rend de grands services.

Je citerai ici une industrie, celle du verre à glaces, dans laquelle les matières premières sont classées d'après les cent millièmes de fer que l'analyse y constate : cette détermination donne à la fabrication une grande régularité.

Le même effet se produira dans la fabrication du métal à canon, lorsque le fer qui en forme la base sera soumis à une analyse rigoureuse.

8° Les fers du commerce, dont je viens de parler, sont ceux dont la texture est fibreuse, qui ont une ténacité et un nerf considérables, qui offrent peu de résistance à l'écrasement et qui fondent difficilement dans le four à acier.

A côté de ces métaux et à leur suite vient se placer une seconde modification du fer qui porte le nom de fer à grains.

Le fer à grains est ordinairement le résultat de la combinaison du fer avec quelques dix-millièmes de carbone.

Les fers bien épurés peuvent seuls produire de bons fers à grains, parceque, comme je l'établirai plus loin, l'action du carbone ne se manifeste pas nettement en présence de corps tels que le soufre, le phosphore, l'arsenic.

Je considère donc la modification du fer qui porte le nom de fer à grains comme le point de départ des *transformations aciéreuses;* elle sert de milieu entre les fers nerveux du commerce et les aciers doux.

Un fer à grains est beaucoup plus fusible

qu'un fer nerveux. J'ai chauffé comparativement, dans des fours à acier, des creusets char-
gés de fer à grains et de fer à nerf : le premier
métal était entièrement fondu lorsque le dernier
se ramollissait à peine; il m'a été facile de faire
fondre 20 kilogr. de fer à grains, tandis que
l'opération est difficile lorsqu'on opère avec le
fer à nerf.

Je me suis assuré en outre que les fers à grains
exigeaient, dans une aciération au creuset, moins
de charbon pour se transformer en acier que
les fers à nerf.

Ces faits doivent être pris en grande considération lorsqu'on se propose d'unir synthétiquement le fer à l'acier, dans la fabrication du
métal à canon ; le fer à nerf ne se comporte pas
comme le fer à grains, il exige plus d'acier que
l'autre pour entrer en fusion.

9° La troisième modification que le fer peut
éprouver par l'action des corps qui s'allient à
lui, mais principalement par celle du carbone,
constitue la famille des *aciers doux*.

Il est difficile d'établir une ligne de démarcation bien nette entre les fers à grains et les aciers doux ; cependant le grain de l'acier doux est brillant, quelquefois assez fin, et ne peut pas être confondu avec celui du fer ; les aciers doux sont plus fusibles que les fers à grains.

Je considère les aciers doux comme étant es-sentiellement formés de fer et de carbone ; les autres corps, à l'exception du manganèse, nuisent à leur qualité ; le soufre, le phosphore et l'azote leur donnent de la dureté.

Quelques aciers doux se trempent légèrement par un refroidissement brusque ; mais en général ces aciers, loin d'acquérir de la dureté et de là sécheresse par la trempe, prennent dans ce cas une grande ténacité que l'on peut utiliser dans plusieurs applications.

C'est dans la famille des aciers doux que j'ai trouvé le métal qui convient le mieux à la confection des bouches à feu.

10° La quatrième modification du fer comprend la famille nombreuse des aciers *trempants et durs*.

Ces aciers peuvent être produits par la combinaison du fer avec une proportion exagérée de charbon , mais aussi par l'union du fer avec d'autres corps, tels que l'azote ou même certains métaux dont l'action s'ajoute à celle du carbone.

Cette influence de l'azote dans la production des aciers durs et trempants est démontrée par les observations suivantes :

Lorsqu'on isole la substance carburée qui existe dans les aciers durs et trempants, on constate qu'elle est azotée et qu'elle dégage des quantités notables d'ammoniaque quand on la chauffe avec de la chaux.

L'action aciérante de l'azote peut être mise hors de doute par une expérience directe : quand on soumet pendant plusieurs heures des barres de fer à l'action du gaz ammoniac, on leur fait éprouver une véritable cémentation ; sous cette influence, le métal devient blanc et argentin ; son grain se modifie, *il se trempe* par un réfroidissement brusque et acquiert une certaine dureté ; il prend alors un grain fin et serré ; l'analyse constate dans ce corps des quantités notables d'azote; lorsqu'on le soumet à des actions carburantes, il produit un acier azoto-carburé très-dur et trempant ; en un mot, sous l'influence de l'ammoniaque, le fer s'est trans-formé en un véritable *acier à l'azote*, qui correspond à *l'acier carburé*.

Pour établir encore l'influence de l'azote dans l'aciération, il suffit de démontrer d'abord avec quelle rapidité le fer se transforme en acier lorsqu'on le chauffe avec des cyanures, et de rappeler que toutes les recettes de *trempe en paquets*, qui produisent des aciers durs, ont pour bases des corps azotés, tels que les cyanures, les ferro-cyanures, les ferri-cyanures, les sels ammoniacaux, le charbon de savate, les azotates, la suie, les déjections animales, etc. Le charbon de bois lui-même, qui doit être considéré certainement comme le meilleur des céments, est fortement azoté et perd en grande partie son efficacité lorsqu'il ne contient plus d'azote.

Des considérations plus étendues sur le rôle de l'azote dans la production des aciers durs et trempants seraient déplacées ici; celles que je viens de présenter me paraissent suffisantes pour démontrer que, dans certains cas, le carbone n'est pas le seul agent de l'aciération, et que si l'azote facilite la production des aciers durs, il faut éviter son influence dans la fabrication des aciers doux.

S'il existe des corps, comme l'azote, dont l'action peut s'ajouter utilement à celle du carbone dans certaines aciérations, il en est d'autres, au contraire, qu'il faut redouter, comme le soufre et le phosphore : ils sont en quelque sorte *dominateurs*, ils empêchent le carbone de se combiner au fer, et même le déplacent lorsque la combinaison est produite.

Pour établir ce fait important de *substitution minérale*, j'ai institué deux séries d'expériences : dans la première, j'ai constaté que des fers sulfureux et phosphoreux ne s'aciéraient pas dans les circonstances où la cémentation des bons fer était facile ; dans la seconde série d'essais, j'ai composé des brasques qui pouvaient, par la chaleur, dégager du soufre et du phosphore; en exposant à l'influence de ces brasques des aciers carburés et silicés, j'ai reconnu que le soufre et le phosphore, s'unissant au fer, déplaçaient d'abord le carbone qui sortait de l'alliage à l'état de graphite et ensuite le silicium qui était éliminé sous la forme de siliciure de fer cristallisé.

Ces phénomènes de substitutions minérales rendent compte de plusieurs faits bien connus des fabricants d'acier. Il est évident en effet que c'est à la présence du soufre et du phosphore qu'il faut attribuer, d'une part, la résistance à la cémentation, que l'on constate dans les fers impurs, et, d'autre part, le peu de solidité au feu que présentent les aciers qui ont été produits avec des fers sulfureux ou phosphoreux.

11° La cinquième modification produite par les corps qui s'unissent au fer, constitue la *famille des fontes*, qui est aussi nombreuse que celle des aciers.

Ce que j'ai dit pour le passage du fer à l'acier s'applique également à la transformation de l'acier en fonte; toutes ces modifications se produisent *d'une manière continue*. Il ne faut pas croire qu'un acier passe immédiatement à l'état de fonte ; j'ai dit que les fers à grains et les aciers doux viennent se placer entre les fers nerveux et les aciers trempants ; il existe également entre les aciers trempants et les fontes des corps intermédiaires qui sont le *fine métal*, les *fontes trempantes*, etc.

Si, dans les aciers, certains corps comme l'azote peuvent ajouter leur action à celle du carbone, le fait est beaucoup plus évident encore pour les fontes, dans lesquelles la fusibilité du fer est produite non-seulement par le carbone, mais aussi par d'autres corps tels que le silicium, le phosphore, le soufre, le manganèse, etc.

Ces agents fonteux, dont la proportion dépasse souvent plusieurs centièmes et qui influent d'une manière si notable sur les propriétés des fontes, ne peuvent pas être considérés comme étrangers à leur constitution : dans certains cas, en effet, le corps qui s'ajoute au carbone augmente même la valeur industrielle des fontes. Ainsi, une fonte à Bessemer ne peut être utilisée dans le convertisseur que lorsqu'elle contient 1,5 0/0 de silicium ; et la fonte qui porte le nom de spiegel-eissen n'est estimée que lorsqu'elle donne à l'analyse de 10 à 12 0/0 de manganèse.

Les idées que j'ai présentées sur la constitution des aciers sont donc exactement applicables à celle des fontes ; *et il me paraît impossible d'admettre, comme on l'a fait jusqu'à présent, que les aciers et les fontes sont uniquement des carbures de fer.*

Telles sont les principales considérations théoriques que je tenais à présenter ici et qui se rapportent à la constitution des fontes, des aciers et des fers.

Les industriels qui voudront bien les examiner avec quelque soin reconnaîtront, je n'en

doute pas, qu'elles peuvent recevoir des applications nombreuses dans la fabrication du métal à canon, et qu'elles devaient trouver place
dans ce travail.

ACIER DESTINÉ A LA FABRICATION

DU MÉTAL A CANON.

Les vues théoriques que je viens de développer démontrent que les aciers peuvent présenter une composition et des propriétés éminemment variables : l'expérience prouve que les qualités de l'acier dépendent de leur mode de fabrication.

Il importe donc de déterminer par quelle méthode doit être obtenu l'acier qui est destiné à la production du métal à canon.

Les aciers sont produits par les méthodes les plus diverses ; ils peuvent être engendrés soit directement par les minerais de fer, soit par les fontes, soit par les fers.

Le tableau suivant rappelle les principaux modes d'aciération :

Minerai de fer et charbon (acier naturel);

Fonte non fondue cémentée dans l'oxyde de fer;
Fonte fondue avec l'oxyde de fer;
Fonte fondue avec du fer;
Fonte puddlée à la houille;
Fonte affinée au charbon de bois;
Fonte affinée dans l'appareil Bessemer;
Fonte affinée dans le four Martin-Siemens;
Fonte affinée par le nitrate de soude;
Fer cémenté dans le charbon de bois;
Fer cémenté dans le charbon azoté ou cyanuré;
Fer cémenté dans la fonte;
Fer cémenté dans des gaz azoto-carburés;
Fer fondu avec du charbon et de l'oxyde de manganèse;
Fer fondu avec du spiegel-eissen;
Fer fondu avec de l'acier cémenté ou puddlé;

J'ai fait une étude suivie de presque tous ces modes d'aciération ; mais, je ne parlerai ici que de ceux qui me paraissent avoir un intérêt industriel véritable, et qui peuvent être appliqués à la fabrication du métal à canon.

Avant de passer en revue les principales méthodes d'aciération, je dois présenter une considération importante qui simplifie beaucoup ce que j'ai à dire ici sur l'acier destiné aux bouches à feu.

Il résulte de toutes mes observations que le meilleur métal à canon est celui qui est produit par les éléments les mieux épurés : l'acier destiné aux bouches à feu *doit donc être aussi pur que possible*.

Quels sont les procédés d'aciération qui peuvent donner de pareils aciers? Doit-on les demander aux méthodes qui sont basées sur l'affinage incomplet des fontes, ou à celles qui ont le fer pour base?

La réponse n'est pas difficile à donner.

Il est évident, en effet, que le procédé d'aciération basé sur l'emploi du fer préalablement épuré, et dont les qualités auront été constatées par des essais positifs, devra toujours avoir la préférence sur les méthodes d'aciération dans lesquelles les fontes sont soumises à un affinage incomplet : dans ce dernier mode d'aciération, il est à craindre que l'affinage n'ait laissé dans le fer, à côté de l'élément aciérant utile, quelque composé étranger à l'acier et pouvant lui enlever quelques-unes de ses propriétés industrielles.

Il faut reconnaître cependant que, parmi les aciers dérivés des fontes, il en est quelques-uns qui présentent souvent des caractères très-précieux pour l'industrie et qui pourront entrer dans la composition du métal à canon : tels sont ceux qui sont produits par le puddlage, par le procédé Bessemer et par le four Martin-Siemens.

J'examinerai d'abord ces trois modes d'aciération.

ACIERS DÉRIVÉS DE LA FONTE.

Acier puddlé. — Cet acier, comme je l'ai dit dans mon rapport au jury de l'Exposition de 1862, a fait sa place dans l'industrie et la conservera toujours ; il dérive il est vrai de la fonte, mais il se produit dans des conditions qui peuvent donner un acier excellent, lorsque la fonte a été bien choisie et qu'on l'a affinée avec tous les soins convenables : l'acier puddlé l'emporte même souvent par ses qualités sur les aciers fabriqués par d'autres méthodes. Il est remarquable en effet par sa malléabilité et sa facilité à souder ; il possède quelquefois aussi une trempabilité plus énergique que celle de l'acier cémenté et fondu.

Quelles sont les conditions à remplir pour obtenir un bon acier puddlé ? Il faut avant tout faire un choix convenable de fontes, repousser celles qui sont sulfureuses ou phosphoreuses, et donner la préférence à celles qui contiennent du manganèse ; on sait que le manganèse détermine l'élimination dans les scories des corps nuisibles à l'acier, et qu'en se combinant aux aciers doux il augmente leur ténacité.

Le travail du puddleur exerce également la plus grande influence sur les qualités de l'acier : la première phase de l'opération, qui a pour but l'élimination du silicium, du soufre, du phosphore, doit être conduite avec une grande lenteur ; la dernière, tout en complétant l'épuration, doit conserver dans le métal le principe aciérant : il faut donc affiner la fonte sans cependant brûler tout le carbone : l'atmosphère du four et la nature des scories jouent ici un rôle considérable.

Quand toutes ces conditions dificiles sont réalisées, on obtient par le puddlage un acier excellent.

Lorsque l'acier puddlé a été fabriqué avec le plus grand soin et que ses qualités ont été confirmées par des analyses très-précises, on peut le faire entrer dans la composition de l'alliage ferrugineux destiné aux bouches à feu ; il contribuera certainement à la résislance du métal au moment de l'explosion de la poudre. Je n'hésite donc pas à dire qu'un bon acier puddlé peut remplacer pour une certaine part l'acier cémenté dans la fabrication du métal à canon.

Acier Bessemer. —On sait que dans l'opération Bessemer la fonte est soumise d'abord à un courant d'air qui l'affine et la change en fer; si l'on ajoute ensuite dans le bain métallique des proportions variables d'une fonte manganésée qui porte le nom de spiegel-eissen, on produit des aciers plus ou moins durs.

Le métal ainsi obtenu peut-il être employé dans la confection des bouches à feu?

Cette question a d'autant plus d'importance pour l'artillerie, que la fabrication du métal Bessemer se produit en quelques minutes, dans les conditions les plus économiques, et que les industriels auront toujours une tendance à faire entrer ce corps, dont le prix de revient n'est pas plus élevé que celui du fer, dans les alliages destinés à la confection des armes.

Je discuterai cette application avec une entière liberté, car j'ai toujours été grand admirateur de la découverte qui est due à M. Bessemer.

J'en faisais ressortir tous les avantages lorsqu'elle était contestée en France par des ingénieurs distingués.

Quand je prenais part, en Angleterre, aux travaux de la commission du jury chargée d'examiner les aciers, je disais aux fabricants anglais que la découverte de M. Bessemer ferait une révolution en métallurgie, et que le nouveau métal déplacerait même le fer dans plusieurs de ses applications.

En me rappelant les oppositions que j'ai rencontrées alors en Angleterre et en France, je suis heureux de constater que toutes mes prévisious se sont réalisées ; aujourd'hui, en effet, nos rails de chemin de fer et les principaux éléments de nos machines se font en acier Bessemer.

Mais les applications industrielles de l'acier Bessemer ont des limites qu'il faut reconnaître ; et je n'oserais pas, je l'avoue, conseiller d'une manière absolue ce mode de fabrication pour la production du métal à canon.

J'ai fait de nombreuses expériences avec l'appareil Bessemer ; j'ai suivi sa marche pendant plusieurs mois ; je connais les pratiques qui permettent d'obtenir par ce procédé un métal doux et tenace.

Cependant, je dois le dire, cette opération qui est admirable au point de vue métallurgique, puisqu'elle donne en quelques minutes des masses considérables d'acier fondu, ne présente pas encore cette régularité qu'exige la préparation d'un métal destiné aux bouches à feu.

Bien des causes contribuent à rendre le métal Bessemer irrégulier.

Dans l'opération Bessemer, on est privé de la ressource si précieuse de l'examen du fer, qui précède la cémentation : la fonte seule est analysée; or, on connaît toutes les incertitudes que laissent toujours les analyses des fontes.

Au point de vue de l'épuration de la fonte, il faut admettre qu'un affinage qui dure à peine une demi-heure, et qui agit sur plusieurs milliers de kilogrammes de fonte, est beaucoup trop rapide pour éliminer complétement tous les corps qui sont nuisibles à la ténacité du métal.

Ensuite le spiegel-eissen qui est employé pour produire le coupage final et aciérer le fer fondu, est lui-même une fonte qui apporte à l'acier et qui laisse dans le métal des éléments nuisibles.

Enfin le mélange de spiegel-eissen et de fer fondu s'effectuant sur des masses considéra-

bles et devant être opéré en quelques ins-
tants, tend nécessairement à produire un métal
qui manque d'homogénéité.

Tous ces inconvénients ont peu de gravité
dans la fabrication d'un acier commun ; il n'en
est pas de même pour la fabrication d'un métal
à canon.

Le métal Bessemer présente du reste dans
certains cas un défaut qui me paraît bien grave
pour ses applications à l'artillerie, et qui tient
sans doute à son mode de fabrication.

Il est exposé souvent à un changement molé-
culaire qui le rend cassant comme du verre mal
recuit.

J'ai vu, par exemple, des tôles en acier Bessemer qui paraissaient d'abord excellentes, et qui
une fois employées se sont fendues en différents sens. et des barres en acier Bessemer
qui se sont brisées en tombant à terre d'une hau-
teur de quelques mètres.

Un pareil métal, appliqué à la confection des
bouches à feu, aurait pu supporter d'abord les
épreuves de réception, et, se modifiant ensuite
spontanément, occasionner les plus graves ac-
cidents.

La cause principale de l'irrégularité que présente l'acier Bessemer est dans les variations qu'éprouve la fonte qui sert à préparer l'acier : on sait en effet que l'opération Bessemer exige, pour donner de bons produits, une fonte spéciale dont la composition doit être presque constante. Or, il est bien difficile de demander à un haut fourneau une régularité absolue dans la production de la fonte ; et l'expérience démontre que le fourneau qui donne d'abord une bonne fonte à Bessemer ne conserve *pas longtemps* cet avantage.

En étudiant avec plus de soin encore la fabrication de l'acier Bessemer, on arrivera, j'en ai la certitude, à faire disparaître les graves défauts que je viens de signaler.

Mais lorsqu'il s'agit de fournir un métal nouveau destiné à la confection des bouches à feu, il ne faut rien laisser au hasard ; je crois donc que le service de l'artillerie, sans repousser d'une manière absolue l'acier Bessemer qui est quelquefois excellent, ne doit l'accepter qu'à la suite d'épreuves très-rigoureuses.

Acier produit dans le four à gaz. — L'industrie possède un appareil très-précieux qui rivalise aujourd'hui avec le convertisseur Bes-

semer, et qui permet aussi d'obtenir économiquement des masses considérables d'acier
fondu; je veux parler du four Martin-Siemens.

Cet appareil est un four à gaz dans lequel la
fonte, s'affinant à une très-haute température,
donne de l'acier ou bien du fer qui reste liquide
et que l'on acière ensuite, soit par le spiegel-
eissen, soit par le ferro-manganèse, soit par
toute autre méthode.

L'opération qui s'exécute dans le four Martin-Siemens est aussi économique que celle qui
se fait dans l'appareil Bessemer et n'en présente peut-être pas les inconvénients.

Le grave reproche que l'on peut adresser à
l'appareil Bessemer, est d'opérer dans des conditions de rapidité qui ne permettent pas de
produire un acier suffisamment épuré et homogène : il n'en est pas de même pour l'appareil
Martin-Siemens, qui offre jusqu'à un certain
point les avantages du creuset et ceux du four à
puddler.

Dans cet appareil, en effet, le temps de la réaction des composés oxydants épurateurs sur
la fonte n'est pas limité, comme dans le convertisseur Bessemer; on peut pousser l'affinage
aussi loin que l'exige la nature des fontes em-

ployées et augmenter les proportions de corps manganésifères qui exercent une si grande influence sur l'épuration des fontes.

En outre, la forme du four Martin-Siemens permet de suivre les progrès de l'affinage, et d'en connaître les résultats successifs par la prise d'éprouvettes qui sont soumises immédiatement à des essais indiquant la qualité du métal.

La lenteur du travail qui se produit dans le four Martin-Siemens donne nécessairement à la masse métallique une pureté et une homogénéité qu'il est bien difficile de réaliser dans l'appareil Bessemer.

Je suis donc persuadé que le four Martin-Siemens, conduit par un fabricant habile, peut fournir un acier excellent et utilisable dans la fabrication des bouches à feu.

Mais il ne faut pas oublier que l'acier Martin-Siemens, dérivant des fontes, conserve toujours quelques-uns des inconvénients qui tiennent à ce mode d'aciération.

En résumé, les appareils Bessemer et Martin-Siemens présentent les plus grands avantages au point de vue de la production économique de l'acier fondu en masses considérables ; ils donnent, lorsque les fontes sont bien choisies, des aciers excellents qui, dans un avenir prochain, seront appliqués certainement à la fabrication des bouches à feu.

Pour ces différents motifs, le service de l'artillerie doit suivre avec intérêt tous les perfectionnements qui s'introduisent dans ces deux modes d'aciération.

Seulement ils ne présentent pas encore toute la régularité désirable : lorsqu'il s'agit de faire adopter un corps nouveau qui rencontre tant d'opposition, il me paraît plus sage d'établir la fabrication du métal à canon avec des aciers qui présentent des propriétés constantes, comme ceux qui ont le fer pour base et dont je vais parler actuellement.

ACIERS FABRIQUÉS AVEC LE FER

MÉTALLIQUE.

Je ne reviendrai pas sur les avantages que présente le mode d'aciération dans lequel on fournit au métal, convenablement choisi, le composé aciérant qui lui manque: l'analyse du fer et l'étude préalable de ses propriétés donneront toujours à l'aciération basée sur l'emploi du fer un avantage considérable sur la décarburation des fontes.

Un grand nombre de corps sont employés pour transformer le fer en acier; je citerai principalement le charbon de bois, les charbons azotés, le prussiate de potasse, le spiegeleissen, le ferro-manganèse : ces corps peuvent agir par cémentation, c'est-à-dire sur du fer qui est chauffé au-dessous de son point de fusion, ou bien, dans le creuset, sur le métal fondu.

J'ai obtenu souvent d'excellents aciers en faisant fondre dans des creusets de terre ou de graphite des mélanges de fer au bois, de charbon et d'oxyde de manganèse.

On produit également de bons aciers en soumettant à la fusion, dans des creusets de terre, du fer au bois mélangé à 8 ou 10 0/0 de spiegel-eissen : l'acier que l'on obtient ainsi est comparable à l'acier Bessemer ; il présente aussi quelques uns de ses défauts, en raison des corps étrangers à l'acier qui existent toujours dans le spiegel.

Je dirai en outre que lorsqu'on acière le fer par la simple fusion du métal avec du charbon, il est difficile d'obtenir un acier homogène : l'action du charbon ne s'exerce pas d'une manière égale sur toutes les parties du fer.

Tous ces inconvénients disparaissent lorsqu'on prépare l'acier en soumettant à la cémentation les fers de première qualité.

L'acier que je placerai donc sans hésiter en première ligne dans la fabrication du métal à canon est celui que l'on obtient en cémentant un bon fer aciéreux dans du charbon de bois.

C'est en fondant une partie de cet acier avec trois parties de fer au bois bien épuré que j'ai obtenu d'une manière constante un excellent métal à canon.

La caisse de cémentation peut fournir, comme on le sait, des aciers différemment durs.

Celui que j'ai employé de préférence dans la préparation du métal à canon n'était ni trop dur ni trop doux : il présentait toutes les qualités d'un bon acier ; il était à la fois tenace et élastique, et se *trempait à cœur* dans l'eau froide.

MODE DE FUSION DU MÉTAL A CANON

Après avoir étudié le mode de préparation des deux éléments constitutifs du métal à canon, il me reste à indiquer le procédé qui convient le mieux à leur combinaison sous l'influence de la chaleur.

Lorsque je traitais en 1867 de l'avenir de l'aciération, dans mon rapport au jury, je m'exprimais de la manière suivante au sujet du four à gaz appliqué à la fusion de l'acier.

« Les résultats merveilleux obtenus dans
« quelques industries au moyen du four Sie-
« mens permettent de penser que cet appareil
« sera aussi d'un grand secours dans l'aciéra-

« tion. On peut en effet produire dans ce
« four les températures les plus élevées en
« faisant des mélanges d'air atmosphérique et
« de gaz carburés, préalablement chauffés,
« et même réaliser *ces atmosphères gazeu-*
« *ses chimiquement neutres* qui, se trou-
« vant en présence de l'acier fondu, ne l'altèrent
« pas.

« Je donne ici le nom d'atmosphères neutres
« à des mélanges d'air et de gaz carburés en
« proportions telles, que leur réaction mutuelle
« produise la fusion de l'acier, sans excès de
« carbone qui rendrait l'acier fonteux et sans
« excès d'oxygène qui brûlerait l'élément acié-
« reux. »

Si les ingénieurs habiles qui conduisent le four Martin-Siemens sont arrivés aujourd'hui à produire facilement cette atmosphère neutre dont je parlais en 1867, qui peut fondre l'acier sans l'altérer, il est évident que cet appareil doit être appliqué à la préparation du métal à canon : on obtiendra immédiatement, et de la manière la plus économique, cet alliage en introduisant dans le four le mélange constitutif de fer et d'acier.

Mais je conserve encore quelques doutes sur les avantages que peut présenter le four à gaz. dans la fusion du métal à canon : jusqu'à présent, dans les expériences que j'ai suivies, la fusion du métal au moyen du four Martin-Siemens a exigé la présence d'un excès de fonte qui s'affine ensuite sous l'influence d'une atmosphère oxydante.

Alors la qualité du métal est incertaine ; elle varie avec l'affinage plus ou moins complet de la fonte que l'on a ajoutée pour obtenir la fusion du bain métallique. Dans ce cas, le four Martin-Siemens n'est plus seulement un appareil de simple fusion, mais bien un appareil d'affinage, comme le four à puddler ou comme le convertisseur Bessemer et qui présente toute leur irrégularité.

En attendant les perfectionnements du four Martin-Siemens, je pense qu'il serait prudent de commencer la fabrication du métal à canon en opérant d'abord sa fusion dans des creusets : c'est ainsi du reste que j'ai produit l'alliage qui a servi dans mes principaux essais.

Ce mode de fabrication présente un inconvénient incontestable ; il est dispendieux et ne

donne que 25 à 30 kilogr. de métal dans chaque
creuset. Pour obtenir par ce procédé des lingots
propres à la confection des bouches à feu, il
est donc nécessaire d'avoir recours à une pratique difficile, mais qui s'exécute cependant depuis longtemps et qui consiste à faire déverser
au même moment, par des fondeurs habiles,
les produits d'un grand nombre de creusets
dans une même lingotière.

Je n'indique cette fabrication au creuset que
comme mesure transitoire, car je suis persuadé
qu'il reste peu de chose à faire pour appro-
prier le four Martin-Siemens et l'appareil Bessemer à la fabrication du métal à canon.

CONCLUSIONS.

Les expériences que je viens de résumer, conduisent aux conclusions suivantes.

1° Le métal qui convient le mieux à la fabrication des bouches à feu, est un corps spécial qui vient se placer entre le fer et l'acier trempant.

2° On peut obtenir ce métal en aciérant le fer incomplétement ; mais le procédé le plus certain consiste à opérer par synthèse et à faire fondre 1 partie de bon acier trempant avec 3 parties de fer.

Cette méthode synthétique, qui rappelle le mode ordinaire de préparation des alliages, donne à la fabrication du métal à canon une régularité complète : elle permet également, en faisant varier les proportions de fer et d'acier, de produire tous les degrés de dureté que le service de l'artillerie pourrait demander ultérieurement aux métaux qui seront employés dans la confection des bouches à feu.

3° Dans cette fabrication, le choix du fer et de l'acier présente la plus grande importance.

Les meilleurs fers sont ceux qui proviennent des forges catalanes, ou ceux que l'on obtient en affinant par le charbon de bois les fontes au bois préparées à air froid.

4° Les fers au coke ne peuvent être acceptés dans la fabrication du métal à canon que dans le cas où il serait impossible de se procurer de bons fers au bois : mais alors les fers au coke doivent dériver d'excellentes fontes mangané-

sifères affinées avec tous les soins que j'ai re-
commandés dans ce travail.

5° L'acier qui entre dans la composition du
métal à canon doit être, comme le fer, aussi pur
que possible : je place en première ligne l'acier
cémenté, et en seconde ligne les aciers obtenus
dans le four à puddler ou dans les appareils
Bessemer et Martin-Siemens.

6° La combinaison du fer et de l'acier peut
être opérée dans un four à gaz; mais pour mettre
en train cette nouvelle fabrication je donne le
conseil de produire les lingots avec un métal
fondu dans les creusets à acier.

7° La qualité du métal à canon repose uniquement sur la pureté de ses deux éléments
constitutifs, le fer et l'acier : ces deux corps doivent donc être soumis, avant leur emploi, aux
analyses chimiques les plus rigoureuses.

8° Pour mettre à exécution les principes que je viens de poser, les mesures suivantes me paraissent les plus efficaces :

C'est évidemment à l'industrie privée qu'il faut confier la fabrication du métal à canon, car le service de l'artillerie ne peut pas entreprendre une production métallurgique de fer et d'acier; dans cette importante opération, il faut mettre à contribution toute l'habileté de nos fabricants d'acier; je voudrais même qu'on établit entre eux une sorte de concours, qu'on commandât dans ce but à ceux qui sont connus par leur bonne fabrication, au moins trois lingots d'acier qui seront transformés en canons et essayés ensuite à outrance.

Comme il est important que le service de l'artillerie connaisse exactement la nature des éléments employés dans la fabrication du métal à canon et le mode de fusion de l'alliage, il me paraît nécessaire que les officiers d'artillerie les plus compétents suivent et con-

trôlent toutes les opérations qui s'exécute-
ront dans les usines.

En adoptant cette marche, je suis persuadé
que le service de l'artillerie obtiendra immédiatement d'excellents métaux à canon, produits
par des usines différentes, et qu'il n'aura en
quelque sorte que l'embarras du choix.

Mais si l'on veut suivre une autre méthode,
se priver de la haute expérience de nos principaux fabricants d'acier et entrer dans toutes les
lenteurs des commissions qui discutent sur la
forme des pièces, avant d'avoir assuré la fabrication d'un bon métal à canon, on compromettra
cette transformation de l'artillerie qui est atten-
due depuis si longtemps.

On a parlé bien souvent des canons de Krupp;
n'oublions pas que si cet industriel est arrivé à
donner aux engins de guerre la perfection
qu'on leur connaît, c'est que depuis un grand

nombre d'années, il a établi leur fabrication sur une base réellement scientifique.

Dans son usine, rien n'est livré au hasard; des chimistes analysent constamment les matières premières et les produits fabriqués; l'élément scientifique et industriel est intimement lié à l'élément militaire; des officiers d'artillerie sont attachés à la fabrication et en suivent tous les détails; des sommes considérables sont consacrées à des expériences nouvelles faites sur les différents alliages qui peuvent convenir à la fabrication des bouches à feu; chaque métal essayé *conserve en quelque sorte son dossier* qui indique sa composition chimique, ses avantages et ses inconvénients.

Tous ces faits sont connus en France depuis longtemps: en a-t-on tiré quelque profit? A-t-on cherché à imiter ce qui se fait chez nos ennemis?

Hélas! non. Il est triste de reconnaître que

nous en sommes encore aux premiers essais de fabrication : on croit toujours que l'acier est ce métal dur et cassant *qui se brise sans avertir;* on ne sait pas qu'entre le fer et l'acier dur, il existe une foule d'alliages à la fois résistants, tenaces, élastiques et fusibles qui peuvent être utilisés par l'artillerie; on en est encore à penser que les bons aciers ne peuvent être fournis que par l'Angleterre.

On a vu des pièces en acier éclater au moment des essais, et l'on croit que toutes les pièces en acier présentent le même défaut : on met à la charge du métal ce qui ne doit être attribué qu'à l'inexpérience du fabricant.

Les canons en acier ont, je le sais, leurs partisans et leurs détracteurs; mais les uns et les autres seraient fort embarrassés de dire sur quelles expériences positives leurs opinions sont fondées.

Je n'hésite donc pas à déclarer que cette question si grave du métal à canon, d'où dépend peut-être le sort de nos armées, n'a pas encore été soumise à une étude suffisamment sérieuse et suivie.

Nous avons en France des fabricants d'acier de première valeur qui ne le cèdent en rien à ceux de l'étranger : ils seront heureux, je n'en doute pas, d'accepter le concours et la collaboration de nos officiers d'artillerie, si instruits et si habiles, qui peuvent seuls déterminer les conditions que doit remplir l'alliage destiné à la confection des bouches à feu.

La question du métal à canon sera donc résolue quand on le voudra.

TABLE.

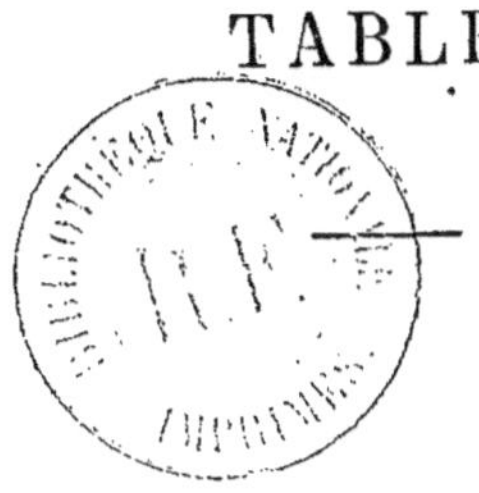

Clichy.—Imprimerie Paul Dupont, rue du Bac-d'Asnières, 12.